植物大戰殭屍2

人體漫畫

奇異膠囊

笑江南 編繪

U0108615

中華教育

向日葵

豌豆射手

火葫蘆

菜問

火炬樹樁

堅果

竹筍

蓮藕射手

平頂菇

鐵桶飛機頭殭屍

路障飛機頭殭屍

飛機頭殭屍

牛仔殭屍

漁夫殭屍

未來殭屍博士

深海巨人殭屍

武僧小鬼殭屍

專家推薦

　　在日常生活中，我們會接觸到外界的各種刺激，也會對這些刺激產生各種不同的反應。在一定條件下，外界的刺激會激發我們身體的潛能，提高身體承受各種極端環境的能力。那麼哪些刺激是正常人體可以承受的？我們可以承受多大和多久的刺激呢？

　　人類奔跑的最快速度是多少？跳躍的最高高度有多高？手指可以感受到多小的事物？……人類不斷地挑戰自己、戰勝自己，將不可能變成可能。隨着社會的進步，更快的速度、更高的高度……紀錄會被不斷創造。

　　在感歎人體各項機能巨大潛力的同時，我們也應該認識到，由於人體的組織和器官的生物學特性，人體的潛力不會永無止境地增長，生活中存在着人體無法承受的危險和刺激。希望通過本書，小朋友們在了解人體生理極限知識的同時，能體會到不斷追求的樂趣，並養成堅持鍛煉身體的好習慣。

朱小玉

中國科學技術大學附屬第一醫院主任醫師　博士生導師

目錄

神祕大師

10 天前

堅果去未來世界治病,不知道治好了沒。

發個郵件問候一下吧！

咦，這是⋯⋯

堅果給我發視像請求了！

堅果

發來視像請求

接受　　　拒絕

菜問，好久不見！

未來世界的戴夫和火炬樹樁治好了我的病！

太好了！

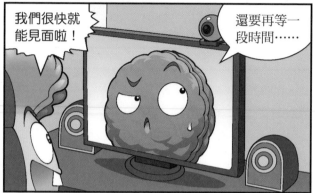

我們很快就能見面啦！

還要再等一段時間……

因為未來世界太好玩啦！

昨天，我還去挑戰植尼斯紀錄了！

植尼斯？

植尼斯是認證「植物鎮之最」的機構，我挑戰了吃朱古力紀錄，在1小時內吃了321塊朱古力，成功打破了上一個紀錄！

上一個紀錄保持者是誰啊？

也是我。

吃了300多塊朱古力，真是不可思議！

我也被自己嚇到了。

但我有一個信念：只要相信自己，就會出現奇跡。

不說啦，我要繼續挑戰自己啦！

植尼斯……

聽起來真刺激，好想參加啊！

我要報名！

前面發生了甚麼事？

真有植尼斯！

植尼斯

挑戰世界紀錄
下一個勇士就是你

填一下挑戰表，選擇你要挑戰的項目。

堅果挑戰的是吃，那我就挑戰餓肚子吧！

填好啦！

咦？

你要挑戰餓肚子啊？

是的。

我可提醒你，在嚴格的斷水斷糧條件下，3 天左右，人類就會死亡；在沒有食物只有水的情況下，人類也只能存活 7 天喲！

你說的這些我都知道。

在不喝水的情況下，血液總量減少，並變得黏稠，難以循環，造成血壓降低，心率加快。

而在沒有食物的情況下，當人類耗盡了體內的脂肪、蛋白質和糖類等時，生命也會走向終結。

我餓上 3 天還是沒問題的。

3 天？開甚麼玩笑？！

世界上創造最長時間不進食紀錄的是一位名叫基蘭・多爾蒂的愛爾蘭人，他在絕食 73 天後死去。

你至少要絕食 73 天零 1 秒，才能打破紀錄。

這麼久？！

我還是回去練練再來吧!

等你喲!

最新消息!最長時間不進食的紀錄已被打破!

這位名為「大師」的選手堅持了 73 天零 2 秒不進食,成功打破了世界紀錄!

植尼斯

挑戰世界紀錄

大師,請談談您的祕訣吧!

為甚麼您能做到絕食這麼久?

祕訣沒有，信念倒是有一個。

我的信念是：只要相信自己，就會出現奇跡！

又是這句話……

菜問，終於找到你了！

向日葵？

你也來挑戰植尼斯紀錄嗎？

我是來找你的！

火炬樹樁老師在機場等我們，有重要的消息要宣佈！

空中危機

竟然為了旅遊，打斷我的訓練計劃……

不是旅遊，是考察學習。

我在研究文獻時發現，一些部落仍保留着許多古老的醫學療法。

所以我特意向院長申請，帶你們去那些部落考察。

可這也太突然了吧，我們甚麼都沒準備……

您應該早一點通知我們。

我也是今天剛決定去考察的。

剛做完這個決定，我就發現今天植物航空公司有史無前例的特價活動！

4 張機票一共才300 元，試問誰會錯過？

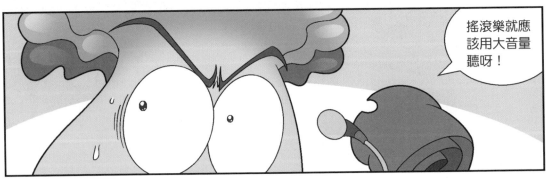

虧你還是醫生呢，難道不知道人類適應的聲音強度範圍是 15 至 44 分貝嗎？

可大音量更有感覺……

聲音強度超過 90 分貝就會損傷聽覺器官。長時間在超過 110 分貝的聲音環境中，聽力會受到永久性損傷。

你希望自己的聽力變得很差嗎？

那我把音量調小點吧。

燈滅了！

你們選錯飛機了，買特價機票的乘客，怎麼會有值錢的東西？

我要是買得起高價機票，還用打劫你們嗎？

真可憐。

可憐之人……

必有可恨之處！

誤入原始部落

誰在惡作劇？

你是誰？

這話應該我問你才對。

你是誰？為甚麼出現在咕嚕咕嚕部落的領地上？

咕嚕咕嚕部落？

難道我已經到原始部落了？

你找甚麼呢？

不是說來考察嗎？火炬樹椿老師呢？

火炬樹椿？

這裏沒有火炬樹椿，只有我火葫蘆。

哦，我叫菜問。

你是怎麼來到這兒的？

我坐的飛機失事了，然後就掉到了這裏。

我的同伴，都不見了！

你確定沒見過他們嗎？

我只見過你一個⋯⋯

我帶你去見族長吧？他也許能幫你找到同伴。

太好了，謝謝你！

你怎麼像猴子一樣在樹上跳來跳去的？

我在摘神果，族長生病了，神果能治好他的病。

我們咕嚕咕嚕島上，樹葉、果子，甚至樹上的露珠，都能治病，其中神果的療效最顯著。

25

不就是普通的野果子嗎？

前面就是族長的家了。

族長，果子摘回來了！

哎呀！好熱啊！

他是誰？

他是我在樹林裏碰到的。

族長，你家比桑拿房還熱！

還好啊，現在只有90℃而已，平時大多是120℃。

120℃？

人體可以接受的最高外部溫度是116℃，你竟然能待在120℃的房間裏！

我喜歡熱，所以用發熱礦石造了房子，室內偶爾也能達到140℃。

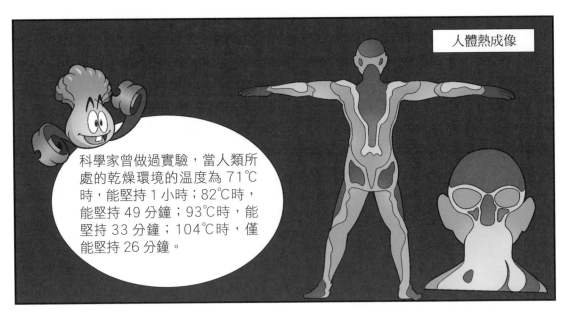

人體熱成像

科學家曾做過實驗，當人類所處的乾燥環境的溫度為 71℃ 時，能堅持 1 小時；82℃ 時，能堅持 49 分鐘；93℃ 時，能堅持 33 分鐘；104℃ 時，僅能堅持 26 分鐘。

我明白了，您一定是熱病的！

篤篤

我只是皮膚被割傷了……

我們部落的居民和你不一樣，我們特別耐熱，也特別耐冷。

正常人赤裸在水溫 0℃ 的環境裏，10 分鐘左右就會有生命危險，而我們可以堅持好幾天。

你們都沒感覺的嗎？

族長，神果搗好了，來敷藥吧！

嗯。

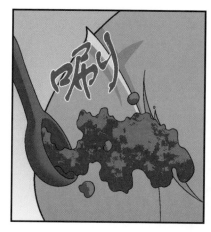

傷口真的不見了！原始部落果然藏龍臥虎！

族長，不好了，強盜又來了！

劫機竟然遇到墜機，還是打劫原始部落比較安全。

是啊！還好老闆派了直升機護航，否則我們非摔得粉身碎骨不可。

原來是你們！

你認識這夥強盜？

我們在飛機上打過交道了。

你真是命大，居然沒摔死，可惜你的同伴沒那麼幸運。

他們怎麼了？

別這麼兇，是我們救了他們，你應該感謝我們才對。

不過，他們現在的生活就沒那麼愜意了……

你對他們做了甚麼？

突突突

原來你的同伴被強盜搶走了。

這些殭屍為甚麼會出現在這裏？難道這裏有寶貝？

他們是臭名昭著的強盜，是來搶神果的。

神果到處都是，他們自己去摘不就行了？

族長，你為甚麼不說實話？

他們的目標明明是奇異膠囊啊！

我說過，這種東西根本不存在。

奇異膠囊？

奇異膠囊傳說

老師，豌豆射手，向日葵，你們到底在哪兒啊？

咕嚕咕嚕

誰？

是我啦！

你甚麼時候鑽到河裏去的?

半小時前。

半小時前?

你又刷新了我的認知。

正常來說,一般人憋氣的時間不會超過 2 分鐘,即便是經過訓練,也只能將憋氣時間延長至 15 分鐘左右。

目前,世界上憋氣時間最長的紀錄是由丹麥的瑟沃·林森在 2010 年創下的,他在水下憋了 20 分 10 秒。

而你居然能憋氣半小時，太不可思議了！

這有甚麼？族長能憋氣1小時呢！

你幹甚麼？

我想知道你的身體構造是不是不太正常？

我有煩心事的時候，就喜歡待在水下。

你也有煩心事？

是啊，我擔心奇異膠囊落到強盜手裏！

可族長白天跟我們說，部落裏沒有奇異膠囊這種東西。

不是這樣的！

在我很小的時候，部落裏就有奇異膠囊的傳說了。

也就是從那時候起，我們部落裏的居民，全都變了……

變了？

我們本來和你一樣，也很普通。自從奇異膠囊的傳說流傳起來以後，大家就都變得像超人一樣。

啊？

所以你們能適應極端溫度，還能在水下憋氣這麼久，都和奇異膠囊有關？

菜問，你一定要相信我！

相信……

但我有一個信念：只要相信自己，就會出現奇跡。

我相信你，可族長不信啊！

族長這麼討厭別人提奇異膠囊，一定有事瞞着我們。

走！

去哪兒啊？

去族長家問清楚！

我說過，部落裏根本沒有甚麼奇異膠囊，不信你們去搜。

如果膠囊不在部落裏，會不會在別的地方呢？

別的地方⋯⋯

我想起來了！

附近的海域裏，有兩個地方被稱為禁地，奇異膠囊或許就藏在那裏！

禁地？！

簡直是胡鬧！

禁地是危險之地，造訪那裏的人都有去無回。

我是不會讓你們去冒險的！

哎喲！

兵分兩路

終於出來了。

你怎麼知道陷阱裏有密道？

那不是陷阱，是思過室。

我是族長養大的，小時候，只要我不聽話，族長就會把我關進去。

正因為如此，我才會對思過室的構造一清二楚。

你說的禁地在甚麼地方？

在千奇山和百怪島。

我們先去千奇山看看吧。

嗯。

突突突

甚麼聲音？

是那夥強盜的直升機！

他們降落了。

下去！

突
突
突

老師！

菜問？

你們沒受傷吧？

我們沒受傷，就是被漁夫殭屍逼着做了幾天苦力。

累得我都快死了。

還好他們良心發現，放了我們。

他們會這麼好心？

這位是……

我來介紹一下，他是咕嚕咕嚕部落的火葫蘆，也是我的新朋友。

你們好！

你好！

我和菜問正要去尋找奇異膠囊，沒想到遇到了你們。

奇異膠囊？

就是能讓普通人變成超人的寶貝。

原始部落果然不簡單，竟然還存在這種寶貝……

我想起來了！我無意間聽到漁夫殭屍說他們也在找甚麼膠囊。

他們也在找？

可就你們兩個去，會不會太危險？

放心好了。

火葫蘆可厲害了，他能在水下待半小時不換氣，還能在100℃以上的環境裏生存。

不會吧？

好兄弟，表演給他們看看！

不用了吧？

再說了，這裏的溫度正常，也沒有河。

對呀。

要不，我給大家表演跳高吧。

好呀！

火葫蘆，你真了不起！

目前，世界跳高紀錄是古巴運動員哈維爾·索托馬約爾在 1993 年創下的 2.45 米，而你比他跳得還高，厲害啊！

嘻嘻。

剛剛那一跳，恐怕有三四米高吧！

科學家推測，人體機能已達到極限，到2027年時，可能只有一半的體育紀錄能被刷新……

你不僅刷新了紀錄，還刷新了我的認知。

這不算甚麼，我們部落裏比我跳得高的有的是。

所以我們懷疑，這些超能力和奇異膠囊有關。

老師，我們一起去找奇異膠囊吧。

好啊！

我們兵分兩路，一隊去千奇山，一隊去百怪島！

你們要借船去百怪島？

還讓我當嚮導？

火葫蘆說，島上只有你有船，還認識路。

我不去。

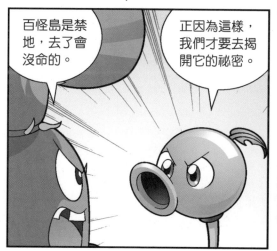

百怪島是禁地，去了會沒命的。

正因為這樣，我們才要去揭開它的祕密。

我是不會拿自己的生命開玩笑的。

拜託你啦！

先交錢吧。

沒問題。

怎麼是欠據？

我們身上沒有現金啊。

欠據

老大，跟蹤器顯示，向日葵正在往千奇山移動，火炬樹樁和豌豆射手還留在咕嚕咕嚕部落。

看來放他們回去，是正確的選擇。

只要跟着他們，就一定能找到奇異膠囊，到時候老闆一定會告訴我長壽的祕訣！

千奇山上的搗亂者

千奇山

千奇山到了！

好高啊！

千奇山奇就奇在山上有山，在山上海拔3000米的地方，有一面高聳的絕壁。

部落裏的老人們說，來千奇山的探險者，全都在攀登絕壁時墜落，無一生還。

如果奇異膠囊在千奇山，最有可能藏在絕壁上。

太好了，我在白蘿蔔健身房學的攀岩技術終於能派上用場啦！

可我不會攀岩……

沒關係，我可以教你。

太好了，謝謝你！

可就算我們不去找，殭屍們也會去找的。

我心意已決。

對，不能讓壞傢伙得到奇異膠囊！

你們會後悔的！

真奇怪，平頂菇失蹤多年，為甚麼會突然出現在這裏……

他一定知道千奇山的祕密。

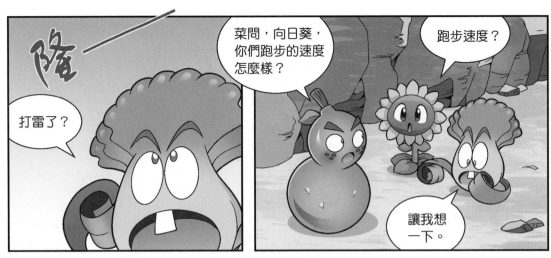

隆

打雷了？

菜問，向日葵，你們跑步的速度怎麼樣？

跑步速度？

讓我想一下。

跑步主要依靠強健的肌肉和修長的四肢，研究表明，人類跑步速度的極限是 9.48 秒 / 百米。

現在世界百米紀錄是「飛人」尤塞恩·博爾特創下的 9.58 秒。

隆

我嘛……跑 100 米估計只要 10 秒，向日葵就很難說了。

隆

真的打雷了？

據我推測，這不是打雷的聲音。

而是巨石滾落的聲音！

隆

隆

快跑啊！

啊，我不想死啊！

快抓住我的手！

我說的是抓住我的手，不是踩扁我的頭！

抱歉……

我先上去解決殭屍，待會兒來救你們！

好。

58

沒想到這麼容易就解決了三個競爭者，太沒成就感了。

老大英明神武！

恐怕沒那麼容易吧！

你居然沒死！

看招！

啊！

這傢伙居然會噴火！

一定是奇異膠囊的作用。

我一出生就會噴火，這是天生的。

說，你們為甚麼要找奇異膠囊？

哼，當然是想變得無所不能了。

向禁地航行

百怪島

前面就是百怪島了。

我們要趕在植物們前面登島，搶先拿到膠囊，到時候就能立功了！

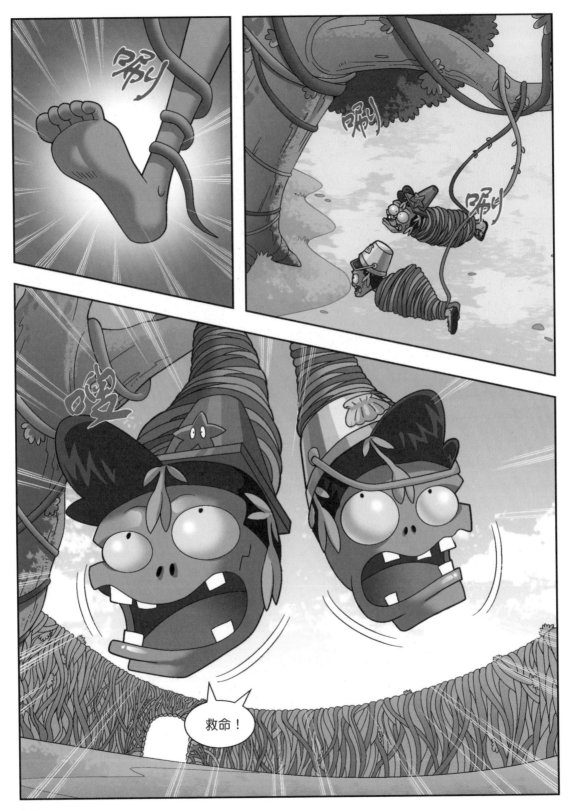

用跑步的方式讓傳送帶動起來，再帶動船底的推進器轉動，船就能行駛起來了，我是不是天才？

船居然是這樣開動的。

出海的同時，還能鍛鍊身體。

可你的體力夠跑多遠，萬一半路上你的力氣用完了，我們怎麼辦？

正常人跑步的速度一般是每小時 5 至 10 公里，就算一刻不停地跑，一天最多也只能跑 240 公里。

1997 年，揚尼斯‧庫羅斯在澳洲阿德萊德的 24 小時超級馬拉松比賽中，跑出了 303.506 公里的成績，這已經是迄今為止世界最長跑步紀錄了。

你這樣「跑船」，航行距離不受限制嗎？

你太小瞧我了。

我能連續跑 7 天 7 夜呢！

老師，他可是「超人」部落的植物。

百怪島到啦！

我只能送你們到這兒了。

已經有人來過了？

傳說百怪島上到處都是機關，你們自求多福吧！

回去記得還錢！

跑得真快。

船也開走了……

百怪島探秘

這裏除了藤蔓超級多以外，好像也沒甚麼特別的。

別掉以輕心。

還說有機關，根本沒有嘛……

甚麼怪物?

美好的夜晚又到啦!

啊!

你是誰?為甚麼躲在藤蔓裏?

我還想問你是誰呢……

我們是被迫住在藤蔓裏的。

被迫？

怎麼回事？

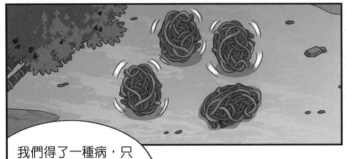

我們得了一種病，只能寄生在藤蔓裏，通過藤蔓的光合作用，吸收養分。

所以我們白天寄居在藤蔓裏，晚上才出來。

這是甚麼怪病……

我發現，你們身上有一種奇怪的藥味。

你的鼻子真靈！

其實，人的鼻子比想像中要靈敏，至少可以分辨出1萬億種不同的氣味。

1萬億？！

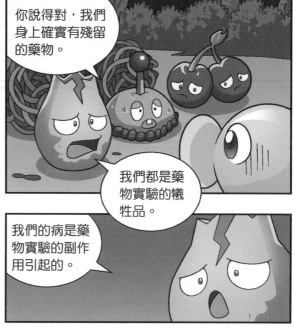

你說得對，我們身上確實有殘留的藥物。

我們都是藥物實驗的犧牲品。

我們的病是藥物實驗的副作用引起的。

百怪島是禁地，你們是怎麼進來的呢？

當然是經過千難萬險才進來的。

73

我們向蓮藕射手借船,並請他當嚮導,想來這裏找奇異膠囊,可他不肯,最後⋯⋯誰知他剛把我們送到就離開了⋯⋯後來⋯⋯

說重點⋯⋯

我們是走進來的。

你們知道奇異膠囊嗎?

不知道。

又好像知道。

老師,他們好像有點健忘⋯⋯

你們進來的時候，沒碰到機關嗎？

沒有。

你們快來看！

看來已經有人觸發了機關。

怪不得我們在岸邊發現了一艘船……

這是……

殭屍的衣服？

發現山洞

你就這麼輕易放過殭屍了？

我和他們做了交易，只要他們告訴我一個祕密，我就饒他們不死。

不過我用火困住了他們，短時間內，他們是沒法出來搗亂的。

他們在向日葵的身上偷偷裝了跟蹤器。

這麼說來，火炬樹椿老師和豌豆射手身上一定也有跟蹤器。

希望老師和豌豆射手沒事⋯⋯

你在看甚麼？

我在研究山頂的絕壁。

絕壁密不透風，但我看到，山腳下的瀑布裏有個山洞，那裏一定有祕密！

這麼遠你都能看清！

你的眼睛自帶望遠鏡嗎？

正常人一般能看到 4 公里以內的景物，即便是在一望無際的大海上，也只能看到約 25 公里內的景物，而且這還是在天氣晴朗的情況下。

等找到奇異膠囊，也許你也能視力超羣。

穿過瀑布，就是山洞了。

這麼簡單？

還想秀一下我的攀岩技術呢……

是啊，真掃興。

你不是不會攀岩嗎？

可我想學攀岩啊！

先進山洞吧！

等等，我先撑把傘。

你從哪兒拿的傘？

從這個縮小包裏拿出來的啊！

縮小包是戴夫研發的最新產品，包裏射出的光線可以把東西變小，超級便利！

不用的時候，把它藏進頭髮裏就好啦！

你們女生可真麻煩，穿過瀑布還要打傘！

你懂甚麼？

如果被淋濕，很容易感冒。

怪物！

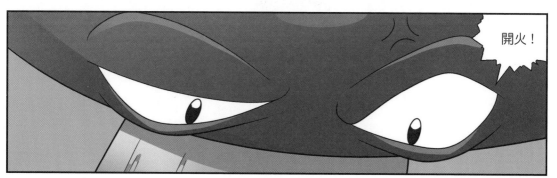

他們的火力太猛了。

他們的弱點是底盤不穩,快攻他們的底盤!

好!

全軍覆沒？

有意思。

對不起，大師！

我會再派人手趕走他們的！

不用了。

這裏像迷宮一樣，他們逃不掉的。

咕嚕咕嚕部落的居民無視約定，前來搗亂，我很不開心。

大師⋯⋯

我要讓他們付出代價。

呼

火葫蘆，你噴火的能力太厲害了！

走吧。

那個平頂菇真可怕，有那麼多手下。

總有種不祥的預感……

咦？

又怎麼了？

我們好像又走回來了。

剛剛火葫蘆就是在這兒噴的火。

看來我們迷路了。

沒關係，只要一路在岩石上做記號，就能避免走回頭路了。

你真聰明！

我也想到這個主意了，只是還沒來得及說……

走吧！

嘩嘩

老大，腳印到這裏就消失了。

火葫蘆這傢伙，以為用火就能困住我嗎？

還好我聰明機智，想出了用口水滅火的妙計。

老大英明。

附近沒有別的腳印，他們唯一的出路就是⋯⋯

這個瀑布！

來的時候，就不知道帶個手電筒嗎？

我也不知道要鑽山洞啊！

老大，你快來摸摸，這裏有個箭頭。

這也能被你摸出來？

當然啦，手的觸覺可是很靈敏的！

一般人的指尖能感知5微米高的突起，這個高度大約是頭髮直徑的 1/15。

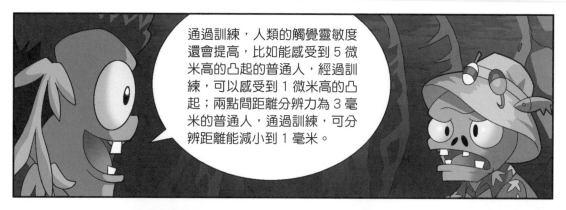

通過訓練，人類的觸覺靈敏度還會提高，比如能感受到 5 微米高的凸起的普通人，經過訓練，可以感受到 1 微米高的凸起；兩點間距離分辨力為 3 毫米的普通人，通過訓練，可分辨距離能減小到 1 毫米。

我以前學過一點凸字，所以觸覺更加靈敏。

你這小子有點本事。

這些箭頭應該是植物們留下的。

把箭頭擦掉，讓植物們找不到出路！

老大英明！

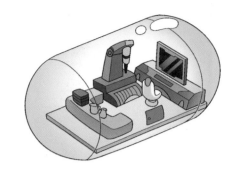

膠囊實驗室

跟着箭頭走都能迷路……

誰叫你讓我把箭頭擦掉的……

現在，我也不知道該往哪兒走了……

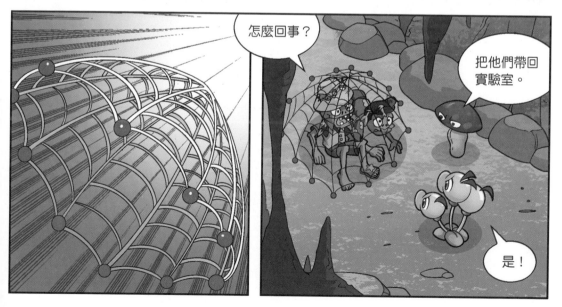

大師，我把入侵者帶來了。

氣死我了！路沒找到，還被綁了！

是那兩個植物嗎？

不是，是兩個殭屍。

放開我！

老實點！

大師，怎麼處置他們？

最近缺實驗品，就拿他們去做實驗吧。

喂！你們最好把我放了，我們老闆可是很厲害的！

勞駕，請問我們是去做甚麼實驗？

心率極限實驗。

一般人的心率極限是 220 次 / 分鐘，超過這個數值，心臟就不能正常工作。如果心臟長期處在跳動過速的狀況中，就會出現危險。

心臟停止跳動的時間極限約為 4 小時，但事實上，只要心跳停止 4 分鐘，人就可能因為腦部供血不足而死亡。

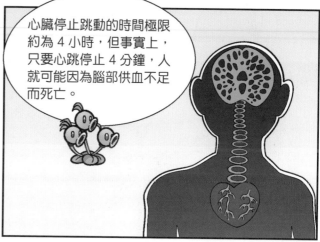

大師研究了一種膠囊，人吃了這種膠囊，在心臟跳動過速和停止跳動時，依然能存活。

難道是奇異膠囊？

你們也知道奇異膠囊？

當然，我們就是為了奇異膠囊來的。

奇異膠囊到底是用來做甚麼的啊？

奇異膠囊主要用來提高體能，是大師研究的藥物，分為很多種：有提高耐熱能力的，有提高跳躍能力的……

心率極限膠囊剛研發出來，不保證有效，所以需要你們當小白鼠，來驗證藥效。

碎

我不想死啊！

百怪島

機關修好了!

太好了!

你們找到踩機關的闖入者了嗎?

沒有。

在一晚上的時間裏,要重新佈機關,又要找入侵者,時間太緊了。

放心吧，我們的機關萬無一失，踩到的人一定早就沒命了。

天亮了。

我們要回藤蔓裏了。

出去的時候，注意別踩到地上的藤蔓，那是機關。

謝謝提醒！

這是甚麼？

好像是他們的姓名卡。

反面也有字！

奇異膠囊實驗室？

千奇山奇異膠囊實驗室

看來奇異膠囊實驗室就在千奇山！

沒想到實驗室在千奇山，早知道就和菜問、向日葵一起去了。

這裏也沒白來呀！

等我們找到奇異膠囊，就來解救這裏的植物。

嗯！

聽到了嗎？奇異膠囊在千奇山！

聽到了還不趕緊咬？咬斷藤蔓，我們才能出去！

聽到啦！

哦，是！

小心，別踩到地上的機關！

嗯！

船呢？

沒兩下就昏了。

看來膠囊的配方還有待改進。

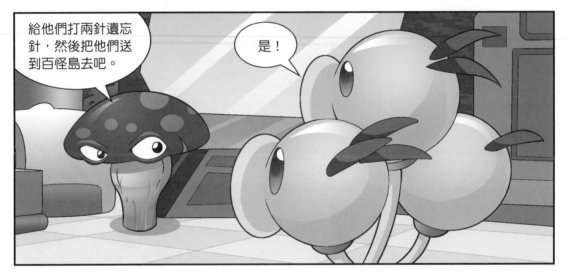

給他們打兩針遺忘針，然後把他們送到百怪島去吧。

是！

船沒了，島上又沒信號，你還指望老大來救我們？

你確定我們要這樣游過去？

不然能怎樣？

嘩

嘩

老大來救我們了！

喂，我們在這兒！

不對，那是植物的直升機，快躲起來。

這兩個傢伙到現在還沒醒⋯⋯

也許是注射的遺忘針劑量大了。

唉，這種害人的工作，我真不想幹了。

可大師說了，如果我們不幫他，他就要拿我們做實驗。

我不想死……

快點，平頂菇還等着我們回去執行任務呢！

嗯。

突 突 嘩 咳 咳

105

快看，是老大！

你是誰？這是哪兒？

老大好像失憶了。

不可能！老大曾經得過殭屍城記憶冠軍，怎麼會失憶呢？

目前的世界記憶冠軍能背誦圓周率至其小數點後 67890 位數字。

我們老大只比他差一點點而已。

老大能背多少？

6 位！

已經很不錯了好嗎？人類有近1000億個腦細胞具有儲存功能。每個細胞的資訊儲存量相當於一個40千兆字節的硬碟儲存量，按道理來說，1000億個腦細胞可以儲存40000億千兆字節的數據，可事實並不是這樣。

人類的腦細胞並非全部用於存儲，而且很多腦細胞處於休眠狀態，所以說人類大腦存儲的信息量遠沒有40000億千兆字節這麼大。

這是哪兒啊？

1加1等於幾？

老大這種情況，只有老闆才能救他了。

部落的存亡

怎麼走來走去，感覺還是在原地打轉？

我也覺得。

會不會是因為我們走得太久，注意力不集中，所以又迷路了？

有可能。

人的專注度最多持續 12 小時，隨着時間的推移，大腦某些部位的活動愈來愈少，人的反應會變得愈來愈遲鈍。

火葫蘆，你在哪兒啊？

是星星果！

你怎麼來了？

太好了，終於找到你了！

快跟我回去吧！部落裏出事了！

他們……已經把部落毀了……

族長！

快拿神果來!

來了!

這裏發生了甚麼?

唉,都怪我。

這事要從十幾年前說起……

那時,「大師」來到部落,他擁有一種叫作奇異膠囊的東西,能夠大大提升體能。但是他性格暴躁,為了讓大家配合他做實驗,毀壞了很多房屋,還抓了很多居民……

大師?聽着怎麼這麼耳熟……

為了拯救部落居民，我和他簽了一個合約……

只要大師不傷害居民，我就每兩個月送一個植物到禁地給他做助手，但其他居民不得去大師的禁地探訪。

族長……

好好地給大師當助手！

部落裏經常有居民失蹤，大家都以為他們去禁地探險了……

原來是被您獻給所謂的「大師」了！

他們只是去做助手，並沒有危險。

作為交換，大師會在島上的水源投放奇異膠囊，使接觸到水源的動植物都擁有超能力。

奇異膠囊？！

我就知道奇異膠囊不是傳說。

大師就住在千奇山，你們去那裏搗亂……

所以他派平頂菇……把部落毀了！

也就是說，平頂菇現在是他的人？

大師……這名字太熟悉了！

部落裏的其他居民呢？

他們都被平頂菇帶走了。

我們一定要把部落的居民救回來！

族長落淚

我和大師做了新的約定，只要你們不再追查這件事，大師就會放了部落的居民。

可是……

沒有甚麼可是！

好奇害死貓！你會害了整個部落的！

我……

我答應您，不再去千奇山了。

不能答應！

老師！

你好好看看吧！

這是……

是土豆地雷！

土豆地雷

這卡片是從哪兒來的？

是我們在百怪島上撿的。

土豆地雷就在百怪島。

啊？

我不是把他送給大師當助手了嗎？怎麼會……

您被大師騙了。

他們都是部落失蹤的居民！

除了土豆地雷以外，我們還在百怪島上見到了岩漿番石榴、櫻桃炸彈和地刺。

他們得了一種怪病，白天只能寄居在藤蔓中。

他們身上還有奇怪的藥味。

我推測，您送去的植物根本沒成為大師的助手，而是淪為藥物實驗的實驗品！

大師違約在先，傷害了部落的居民，我們要討回公道！

對！討回公道！

我支持火葫蘆！

可那位大師非常難對付，就憑我們幾個，恐怕很難。

只要相信自己，就會出現奇跡！

就拿我來說吧，來到部落以後，我的負重能力大有提高。

到目前為止，世界上力氣最大的是英國人安迪·博爾頓，他曾將457.5公斤的重物從地面拎到大腿部位。

一般來說，人類無法舉起比自身重3倍或更重的物體，但1983年，一個名叫斯蒂芬·拓普洛夫的保加利亞舉重運動員，成功舉起了相當於自身體重3倍重的杠鈴，成為這項紀錄的開創者。

來部落的這幾天，我吃了很多神果，體能也提升了很多。

你看，我現在就能把那棵樹舉起來。

怎麼樣？厲害吧？

還得多吃點神果才行……

可怕的實驗

我們已經進去過一次了，裏面像迷宮一樣。

根本找不到路。

要是蓮藕射手沒被抓走就好了。

您想通過水路進去？

其實蓮藕射手是一名工匠，迷宮就是他設計建造的。

星星果，你留在這裏接應。

好的。

族長！

蓮藕射手！

說曹操，曹操就到。

族長，先別進去！

你逃出來啦？

是的，我記得迷宮的路。

但是其他人就沒那麼幸運了……

他們馬上就要被大師拿去做實驗了！

那還等甚麼？趕緊殺進去吧！

蓮藕射手，你就別去了，你太虛弱沒法應戰。

對，別去了。

那我去把藏在附近的迷宮設計圖紙找出來。

大師，咕嚕咕嚕部落的居民全被我關進地牢了。

很好。

查一下，現在進展最艱難的實驗是哪個？

在真空環境裏，外部壓力突然變小，人體中將形成大量氣泡，氣泡會堵塞血管，壓迫大腦，心臟無法正常輸送血液……

報告大師，是真空實驗。

真空狀態下，人一般會在12至15秒內失去知覺，1分鐘左右死亡。

果然是危險又艱難的實驗。

現在可以開始這項實驗了。

是的，因為真空實驗太危險，所以一直都沒開始。

您的意思是……

就用抓來的植物們做實驗。

甚麼？

如果將抓到的植物全部用來做實驗的話，我們咕嚕咕嚕部落可能會滅族啊！

我有必要提醒你一下。

從竹筍把你獻給我的那天起，你就不再是咕嚕咕嚕部落的居民了。

看在你曾是竹筍副手的份上，我才讓你當助手，否則你早就和其他植物一樣，成為實驗的犧牲品了。你最好給我安分點！

話說回來，我也不想讓咕嚕咕嚕部落滅族。

可誰讓竹筍違約了呢……

大師的真面目

對不起⋯⋯

平頂菇，我們又見面了！

火葫蘆？族長？

來人！

又來這招？

你的時間不多了⋯⋯
我們部落就靠你了。

加油！

平頂菇好像故
意在幫我⋯⋯

轟

轟

勝利了！

平頂菇果然放水了。

不知道菜問那邊順不順利……

管不了這麼多了，先去救人！

嗚？

嗚

我們進去看一下。

刷

我倒要看看你的真面目！

我們已經找到部落的居民了，快來幫忙轉移！

豌豆射手，我們去幫忙！

嗯！

原來是殭屍！

可惡！

你為甚麼要傷害我們部落的居民？

你以為我想嗎？

我從小又瘦又弱，大家都嘲笑我弱不禁風……

武僧小鬼殭屍，你連馬步都紮不穩，還練甚麼功夫啊？趕緊回家，別在這兒丟人現眼了！

哈哈哈！

我作為武師的後代居然體弱多病，整個家族都因為我而蒙羞……

所以呢？

所以，我就離家出走了。但是在路上，我被猛獸攻擊，失去了超過一半的血液，險些喪命。

一半的血液？那可是很危險的！

健康的成年人體內約有3.8至5.6升血液，失去超過 15% 的血液，就會覺得暈眩發冷；失去 40% 的血液，就會影響血液的循環，出現心動過速等症狀。

你失去一半的血液還能活下來，真是不可思議！

是功夫氣功殭屍救了我，他還教我提高體能的方法。

他告訴我，只要相信自己，就會出現奇跡。

後來我在殭屍博士那兒學習製藥技術，研發出了奇異膠囊。

所以，現在的我已經不是當年的我了！

你想幹嗎？

老友相見

甚麼聲音？

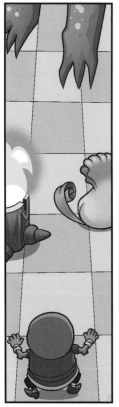

聽說，有人把我們老闆的手下打失憶了？

深海巨人殭屍？

菜問？向
日葵？

你們認識？

是啊，他
們以前救
過我。

你怎麼會
在這兒？

我現在給一位大老
闆當保鏢，來這兒
處理事情。

他們也是
大老闆的
手下。

哎呀！原來你們
是深海巨人殭屍
的救命恩人啊！

我逼你們做苦力的事情，可千萬別告訴深海巨人殭屍啊，不然他一定會揍我，拜託啦！

好吧……

你們是怎麼找到這兒的？

當然是利用跟蹤器啦！

啊，我們忘記把火炬樹樁老師和豌豆射手身上的跟蹤器拿掉了！

深海巨人殭屍，我們又見面了，不過這次我不會再饒你了！

游泳比賽的手下敗將，口氣倒不小。

你怎麼甚麼都知道？

我最近老吃藥，口氣一直不太好。

深海巨人殭屍，我最近才知道，你不僅是海中霸王，還是長壽冠軍。我倒想研究一下，你有甚麼長壽祕訣。

你是長壽冠軍？

是啊，我大概有 168 歲了吧。

不會吧？！

人的細胞分裂週期為 2.4 年，每個人一生中會經歷約 50 次細胞分裂，據此推算，人類的壽命極限約為 120 歲。

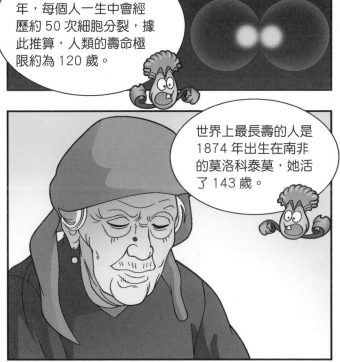

世界上最長壽的人是 1874 年出生在南非的莫洛科泰莫，她活了 143 歲。

你的壽命已經超過世界紀錄啦！

他要抽空這裏的空氣！

怎麼辦啊？我們要悶死在這兒了！

哈哈哈哈！

你太壞了……

我……我喘不過氣來了……

縮小包是戴夫研發的最新產品，包裏射出的光線可以把東西變小，超級便利！

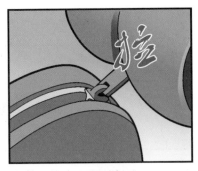

怎麼回事？

殭屍……變小了！

部落的居民都救出來了！

終於……有氧氣進來了……

大師，我來看你了！

堅果？你從未來世界回來了？

嗯，我回來探望大師！他是多項植尼斯紀錄的保持者，是我的偶像。

「只要相信自己，就會出現奇跡」就是他的名言！

他在哪兒呢？

在這裏……

堅果，你被他騙了，他是殭屍！

說起來他也很可憐，小時候的心理陰影給他帶來了這麼大的影響。

他需要看一下心理醫生。我相信他會改邪歸正的。

（未完待續……）

人體所能承受的電擊極限是多少？

　　人體對於電的感知是非常敏感的，我們通常將人體能感受到的最小電流稱為感知電流。以家庭供電所用的交流電為例，1 毫安培的電流就會讓人體產生刺麻等不舒服的感覺；5 毫安培的電流會令肌肉痙攣；10 毫安的電流會讓人體有明顯痛感，但尚能擺脫，所以科學家將 10 毫安的交流電稱為擺脫電流或安全電流，意為人觸電後能自己擺脫的最大電流；在短時間內會危及生命的電流稱為致命電流，大小為 50 毫安，在這個數值的電流下，人體會出現呼吸抑制、心房顫動的現象；100 毫安的電流則會造成心臟停止跳動；超過 200 毫安的電流則會讓人立即死亡。

人類可以多久不睡覺？

　　對於沒有特殊疾病的人類來說，到目前為止，最長時間不睡覺的紀錄是 264 小時，也就是 11 天，是在 1963 年由 17 歲的美國高中生蘭迪‧加德納創造的。後來曾有不少人想突破這個紀錄，但基於對健康的考慮，健力士委員會對後來的紀錄都不予承認。

　　雖然目前沒有證據表明人類長時間不睡覺會直接導致死亡，但睡眠不足的確會對人體健康產生嚴重影響。在挑戰過程中，蘭迪‧加德納雖然強迫自己不睡覺，但幾天後便進入了渾身不適、認知失調的狀態，還出現了喜怒無常、記憶混亂和妄想等現象。

　　專家指出，對於一般人來說，如果連續 36 小時不睡覺，身體就會出現極度疲倦感，渾身不適；連續 48 小時不睡覺，身體會不受控制地進入睡眠；如果強制保持 50 小時不睡覺，體能會急速衰退，並出現幻覺；連續 70 小時不睡覺，注意力和感知能力會麻痹；連續 120 小時不睡覺，就會陷入精神錯亂的狀態。如果長時間睡眠不足，人的情緒容易發生波動，記憶力和注意力下降，肢體協調能力也會衰退。

人體所能承受的海拔極限是多少？

高海拔區域，大氣的溫度、壓強和含氧量都會隨着海拔升高而降低，這就導致我們無法在高海拔地區待上太久的時間。那麼人體所能承受的海拔極限到底是多少呢？我們知道，人類徒步可以達到的最高點為世界最高峯——珠穆朗瑪峯，海拔約 8844 米。但如果一個人被突然送到這個高度，可能不出兩分鐘就會死亡，因為這個高度的大氣壓，僅為海平面大氣壓的三分之一左右，氧含量很低，人很容易因為缺氧而死亡。

科學家認為，人體理論上能夠承受的最高海拔為 9000 米。如今海拔極限的世界紀錄保持者是夏爾巴人巴布·奇里，1999 年時他曾在珠穆朗瑪峯低壓缺氧的環境下生活了 21 小時。

按照國際通行的海拔劃分標準及人體適應狀況，1500～3500 米為高海拔，大多數人都可以適應這個高度；3500～5500 米為超高海拔，在這個高度範圍，由人體的差異決定是否能適應，其中有些人會出現高原反應；5500 米以上為極高海拔，長時間停留在這個海拔，人體機能會嚴重下降，會出現肌肉萎縮等不可逆的損害。

人的平衡能力有多強？

在 2018 年，中國苗族女孩唐羽薈打破了一項關於平衡力的健力士世界紀錄 ——「最快時間在玻璃瓶上走 10 米距離」。按照挑戰規則，玻璃瓶不能以任何形式固定在地面上，挑戰者在行走過程中只能腳踩一隻玻璃瓶，如果在途中有任何身體部位接觸地面或者有其他物體支撐，則挑戰失敗。

由於玻璃瓶是空心的，踩上去會非常不穩。要想在上面行走，不僅要保持平衡，還要每一步都垂直踩在瓶口上。如果挑戰者身體晃動的幅度稍大一點，就會立刻掉下來。這是個十分困難的挑戰，但唐羽薈最終以 21.90 秒的成績打破了這項世界紀錄。

誰是最柔韌的人？

　　來自俄羅斯的女孩茲拉塔是目前世界公認的身體最柔軟的人，她身高 175 厘米，體重卻只有 54 公斤。擁有超高柔軟度的她幾乎可以彎曲身體的任何部位，做出許多常人無法做到的動作：她可以將頭部置於胯下，或是通過摺疊身體將頭懸在兩腳之間，甚至將整個身體塞入一個小冰櫃中。在健力士世界紀錄挑戰現場，茲拉塔通過下腰的方式，在 1 分鐘之內用腰部和臀部擠破了 7 個氣球，成功打破世界紀錄；她還將自己放置在一個僅 50 厘米見方的盒子中，並做出許多高難度動作，再次打破世界紀錄。這些驚人的動作對她來說「非常自然」，只有長時間保持一個姿勢拍照時才會讓她有些不舒服。

　　中國也有一位多次獲得健力士認證的女孩，雜技演員出身的劉藤在 2017 年以 15.54 秒刷新了自己保持四年之久的「胸着地翻滾前進 20 米用時最短」紀錄，她也是「1 分鐘下腰叼花最多」的健力士世界紀錄保持者，叼花數量多達 15 枝。

世界上最不怕冷的人在哪裏？

黑龍江省佳木斯市的金松浩，被稱為世界上最不怕冷的人。

2011 年 1 月 3 日，在湖南省張家界天門山山頂，上演了一場「冰凍活人」。金松浩在裝滿冰塊的玻璃容器裏足足待了 120 分鐘，超過了荷蘭人維姆·霍夫創造的 115 分鐘的世界紀錄，成為世界第一「冰人」。

2012 年 1 月 20 日，金松浩與維姆·霍夫在湖南省株洲市再次進行了一場零下 196 度的國際冰人大對決。最終，金松浩以 91 分鐘的成績成功擊敗了對手。

2013 年 1 月 13 日，金松浩只穿着一條短褲在雪地上活動，甚至同時用冰水沖澡，整個場面令人十分震撼，很多穿着棉襖的觀眾都目瞪口呆。

金松浩透露，他每天都會光着上半身去外面長跑兩三公里，早晚都會洗冷水澡，不斷地挑戰自己，提高自己的耐寒本領。

甚麼是「人體旗幟橫向引體向上」?

　　人體旗幟原本是一種雜技動作,因其操作簡單又可以有效鍛煉,如今變成一種體育運動。鍛煉者需要用手抓住垂直於地面的立杆,並使身體與地面保持平行,就像一面旗幟一樣。這項運動的難度本來就非常高,如果再加上「橫向引體向上」幾個字,難度可想而知。2016 年,福建省的鄭大選成功挑戰了這項運動的健力士世界紀錄,在 1 分鐘內完成了人體旗幟橫向引體向上 25 個,創造了新的人體極限紀錄。

人的手臂與手指有多「堅硬」？

　　椰汁雖然好喝，但沒有工具時，堅硬的椰殼往往讓人苦惱。可這對於印度「鐵臂」阿貝什來說似乎不是甚麼大問題，他曾在 1 分鐘內僅靠 1 隻手臂就錘碎了 122 個椰子，成功打破了此前保持 6 年之久的健力士世界紀錄 118 個。

　　馬來西亞的何英輝也是一位開椰子達人，不過他用的「工具」不是手臂，而是更纖弱的手指！何英輝在 2011 年成功創下了「用 1 根手指戳穿 4 個椰子最短時間」的健力士世界紀錄，用時 12.15 秒。

□ 責任編輯：華 田
□ 裝幀設計：龐雅美 鄧佩儀
□ 排　版：楊舜君
□ 印　務：劉漢舉

植物大戰殭屍 2 之人體漫畫 07
——奇異膠囊

□
編繪
笑江南

□
出版
中華教育
香港北角英皇道 499 號北角工業大廈一樓 B
電話：(852) 2137 2338　傳真：(852) 2713 8202
電子郵件：info@chunghwabook.com.hk
網址：http://www.chunghwabook.com.hk

□
發行
香港聯合書刊物流有限公司
香港新界荃灣德士古道 220-248 號
荃灣工業中心 16 樓
電話：(852) 2150 2100　傳真：(852) 2407 3062
電子郵件：info@suplogistics.com.hk

□
印刷
寶華數碼印刷有限公司
香港柴灣吉勝街 45 號勝景工業大廈 4 樓 A 室

□
版次
2023 年 7 月第 1 版第 1 次印刷
© 2023 中華教育

□
規格
16 開（230 mm×170 mm）

□
ISBN：978-988-8860-08-1